오늘은 아무래도 덮밥

이마이 료 지음

참돌

"아~, 배고파."
허기진 배에 망설이지 말고 바로 '덮밥'을 먹어보세요.
소스가 스며든 따끈따끈한 밥을 한 입 먹었을 때의 느낌은 말로 다 표현하기 부족합니다.

직업상 제가 늘 밥을 잘 챙겨 먹을 것이라 생각하지만, 사실은 그렇지 않습니다.
매 끼니마다 3첩 반상의 식단을 생각해서 준비하는 것은 아주 어려운 일이지요!
조리 기구부터 식기, 이것도 저것도 아, 이것도…. 하다 정신을 차려보면 싱크대 안은 설거지할 것들로 가득 차 있습니다.
사실 이렇게 매일 챙겨 먹는 건 무리입니다!
이럴 때 뚝딱 만들 수 있고, 포만감까지 주는 것이 바로 덮밥입니다.
바빠서 여유가 없을 때, 무엇보다 빨리 허기를 채우고, 포만감까지 주는 큰 활약을 합니다.
덮밥은 조리 도구나 식기가 갖춰져 있지 않아도 맛있게 만들 수 있습니다.

덮밥을 먹고 싶은 상황은 다양합니다.
너무 배가 고플 때는 실컷 먹을 수 있도록 양을 많이 하고,
밤늦은 시간에는 가벼우면서 소화에 좋은 건강한 덮밥이 좋습니다.
불 쓰는 일조차 귀찮을 때도 많이 있을 텐데요.
이 책에는 그날 기분이나 상황에 맞춰서 빠르게 만들 수 있는 덮밥을 비롯하여 양이 가득한 덮밥, 밤늦은 시간에 먹어도 위에 부담이 적은 덮밥, 마트에서 파는 반찬이나 통조림 등 시판용을 이용한 덮밥, 가볍게 먹을 수 있고 몸을 데워주는 수프 덮밥, 일을 너무 열심히 했을 때나 휴일에 시간을 들여 만드는 조금 호사스러운 덮밥, 그리고 제가 너무 사랑해 마지않는 달걀을 마음껏 넣고 만드는 덮밥 등 뱃속 허기는 물론 마음의 허기까지 채워줘 먹으면 행복해지는 덮밥을 소개합니다.
또한 덮밥과 어울리는 간단한 수프 레시피도 고민해 넣었습니다.

힘들고 지친 일상에서도 부담 없이 만들 수 있어서 하루의 고단함을 훅 날려 버릴 수 있는 한 그릇의 식사가 된다면, 그리고 요리를 귀찮아하는 사람에게 '어라, 요리하는 게 재미있네'라는 생각을 떠올리게 할 수 있다면 저에게 무엇보다도 기쁜 일이 될 것입니다.
다양한 레시피 속에서 여러분의 마음에 드는 메뉴를 꼭 발견하시길 기대합니다.

– 이마이 료

그날의 기분에 따라 고르는

행복한 덮밥 6가지 패턴

달걀이 좋아!

제1장

폭신하고 부드러운 덮밥

→ 12쪽

영양가 높고 조리도 간단하고, 보기에도 먹음직스럽고 예쁘게 완성되는 '달걀' 레시피. 일본식에서 서양식까지, 달걀을 사용한 12가지 무적의 덮밥을 소개합니다.

듬뿍 먹고 싶어!

제2장

포만감 가득 볼륨 덮밥

→ 26쪽

볼륨감이 풍부한 고기와 생선이 들어간 덮밥 레시피를 모았습니다. 그 다음은 각자의 뱃속에 귀를 기울이며 하얀 밥과 밸런스를 조절해보세요!

제대로 만들어 먹고 싶은 마음이 있어도, 바쁘거나 지쳤을 때는 '바로 먹을 수 있는 것'이 더 중요하게 여겨지는 매일의 식사.
《오늘은 아무래도 덮밥》은 일상 속 식사 준비에 고군분투하는 사람들에게 강력한 지원군이 되어 그날의 기분과 상황에 맞춰 메뉴를 고를 수 있게 하는 반가운 덮밥 레시피 모음집입니다.

밤 9시가 넘었네!

제3장
가벼운 야식 덮밥
→ 50쪽

밤늦은 시간에 먹는 밥은 죄책감이 따라오지만, 공복인 상태로는 역시 잠들기 힘들죠. 이런 때 채소나 두부를 넣어 만든 건강한 덮밥으로 배고픔을 없앱니다.

빨리 먹고 싶어!

제4장
바로 먹는 덮밥
→ 62쪽

배는 고픈데 불을 켜는 것도 귀찮아! 이런 때는 하얀 쌀밥 위에 건더기 재료를 얹기만 하면 완성되는 간편함의 끝인 덮밥을 추천합니다!

마트에서 사왔어!

제5장

임기응변 덮밥

→ 72쪽

멘치카츠나 닭꼬치, 우엉조림, 고등어 통조림 등의 '시판용'을 이용한 덮밥 레시피는 더욱 간단하고 순식간에 만들 수 있습니다.

국밥으로 먹을래!

제6장

술술 덮밥

→ 82쪽

식욕이 없을 때는 물론, 밥과 국을 한 그릇에 담아 설거지를 줄여주는 장점까지. 국물을 흡수한 밥의 감칠맛은 더욱 일품입니다.

느긋하게 만들 수 있는 날은 진수성찬 덮밥, 정신없는 날에는 스피드 수프로 입을 행복하게!

시간도, 지갑도 여유 있어!

칼럼 1

가끔은 호사스러운 덮밥

→ 96쪽

마음의 여유가 있는 휴일에는 보통 때보다 조금 더 좋은 재료를 사용하여 느긋하게 요리를 해보세요. 일상의 피로도 날려버리는, 입이 행복해지는 덮밥이 완성됩니다.

국물도 함께 먹을래!

칼럼 2·3

뜨거운 물과 전자레인지로 만드는 수프

→ 106 · 108쪽

눈을 감고도 만들 수 있을 정도로 간단하고 초스피드 수프를 덮밥의 사이드로. 뜨끈한 국물은 마음도 따뜻하게 해줍니다.

목차

제 1 장

달걀이 좋아!

폭신하고 부드러운 덮밥

제 2 장

듬뿍 먹고 싶어!

포만감 가득 볼륨 덮밥

제 3 장

밤 9시가 넘었네!

가벼운 야식 덮밥

제 4 장

빨리 먹고 싶어!

바로 먹는 덮밥

제 5 장

마트에서 사왔어!

임기응변 덮밥

제 6 장

국밥으로 먹을래!

술술 덮밥

이 책에서는

*1컵은 200ml, 1큰술은 15ml, 1작은술은 5ml입니다.
*전자레인지는 600W를 사용합니다. 500W를 사용할 경우에는 1.2배를 기준으로 가열 시간을 조절해주세요. 기종에 따라 다소 차이가 있을 수 있습니다.

칼럼 1

가끔은 호사스러운 덮밥

칼럼 2

물만 부으면 완성되는 수프

칼럼 3

전자레인지로 쉽게 만드는 수프

제1장

달걀이 좋아!
폭신하고 부드러운 덮밥

'밥에 얹어서 먹으면 맛있는 것?' 하면 바로 생각나는 것이 달걀입니다. 달걀만 얹어 먹어도 충분히 맛있지만 부드럽게 볶아도 좋고, 폭신폭신한 반숙으로 먹어도 맛있습니다. 게다가 빨리 익고 신속하게 요리를 만들 수 있는 것도 달걀의 장점입니다. 요리 교실에서도 큰 인기인 중화풍 달걀 덮밥의 레시피도 소개합니다.

뱅어오믈렛 덮밥

오믈렛을 자르면 흘러나오는 뱅어!
뱅어의 적당한 염도가 입맛을 돋웁니다.

재료(1인분)

달걀 2개
데친 뱅어*(또는 잔멸치) 30g
간장 2작은술
참기름 1큰술
따뜻한 밥 적당량

만드는 방법

① 볼에 달걀을 풀어주고, 뱅어와 간장을 넣고 함께 섞는다.
② 작은 크기의 프라이팬에 참기름을 두르고 중불로 가열하고, ①을 부어 몇 번씩 저어준다. 프라이팬 끝으로 밀어 옮겨서 오믈렛 모양을 만들고, 미리 퍼 놓은 밥 위에 얹는다.

*'데친 뱅어'는 뜨거운 물에 살짝 데친 것을 체에 밭쳐서 요리한다. 염도도 낮춰주며 부드러워지고, 비린내도 어느 정도 제거되어 먹기 좋다.

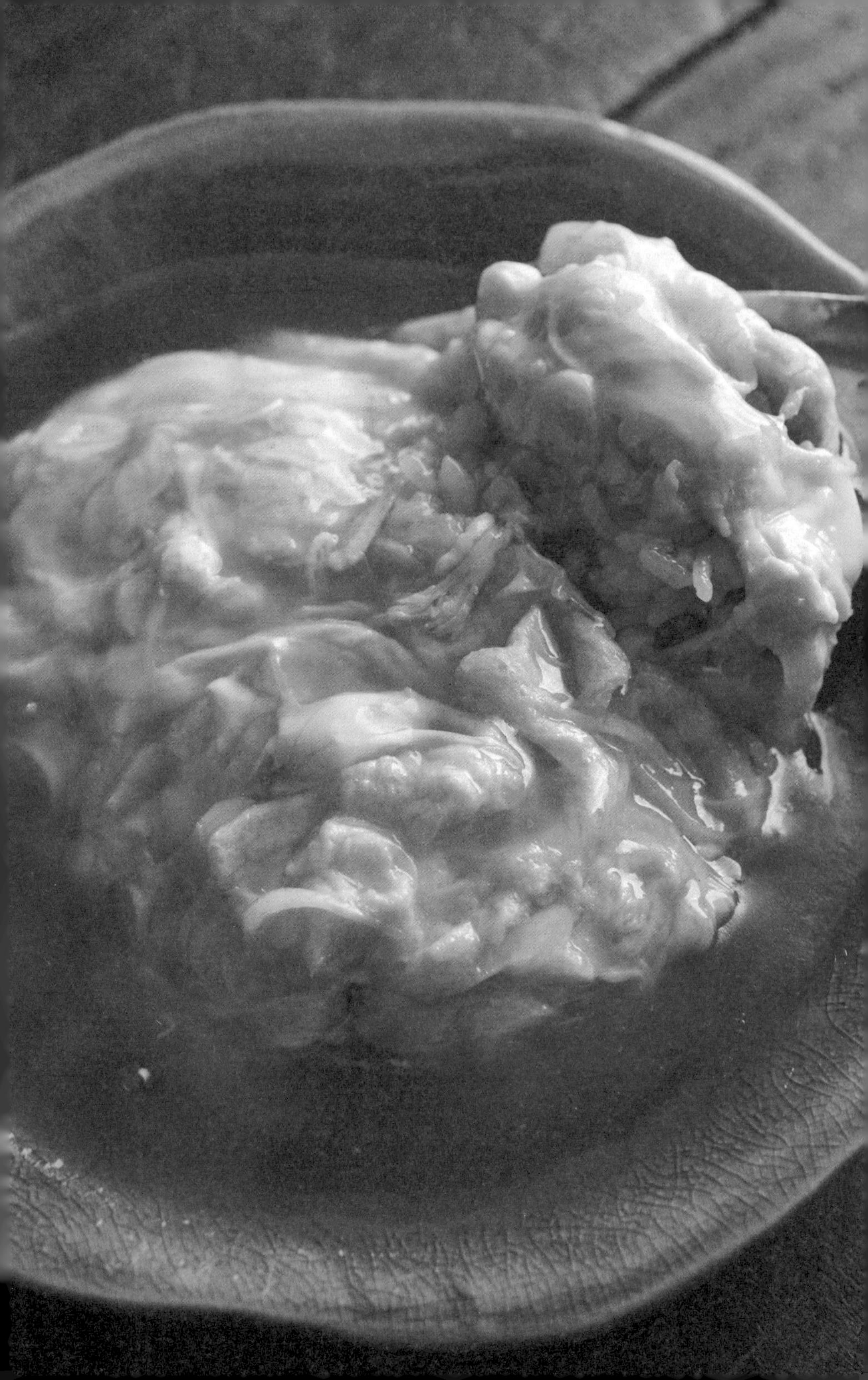

일본식 중화풍 덮밥

반숙으로 만든 달걀에 뜨끈하고 묵직한 녹말소스가 듬뿍!
말이 필요 없죠. 사르르 녹아드는 식감으로, 허기진 배를 순식간에 채워줍니다.

재료(1인분)

달걀　2개
대파　5㎝ …곱게 썰기
소금, 후추　각 적당량
식용유　2큰술
A. 물　1컵
　우스터소스　1큰술
　녹말가루　2작은술
　간장　1작은술
　치킨스톡　½작은술
따뜻한 밥　적당량

만드는 방법

① 볼에 달걀을 풀고 대파, 소금, 후추를 넣고 함께 섞는다.
② 프라이팬에 식용유를 두르고 중불로 가열하고, ①을 붓고 밖에서 안으로 뒤섞어 말듯이 몇 차례 섞는다.
③ ②의 프라이팬을 깨끗이 닦고, A를 섞어서 넣는다. 중불로 가열하고 잘 섞어가며 점도를 확인하고 확실하게 익혀서, 덮밥 위부터 붓는다.

1

달걀의 맛을 제대로 즐기려면
속 재료는 대파만 넣어서 심플하게

2

식용유는 프라이팬에서
연기가 날 정도로 잘 가열하고

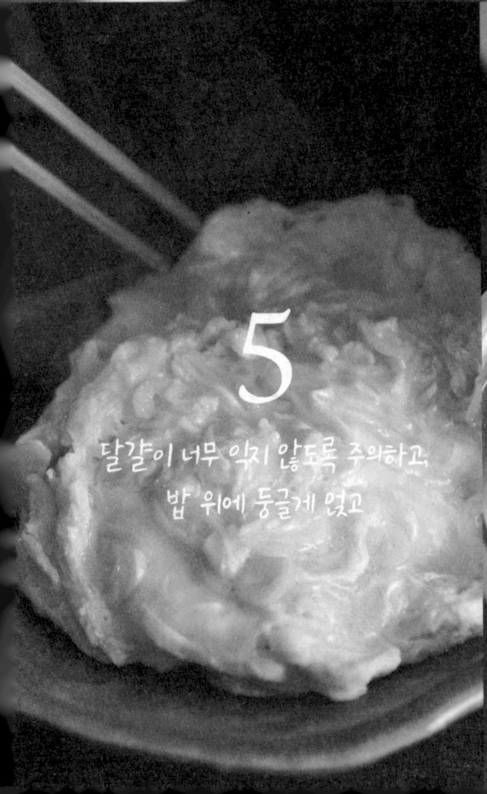

5

달걀이 너무 익지 않도록 주의하고
밥 위에 둥글게 얹고

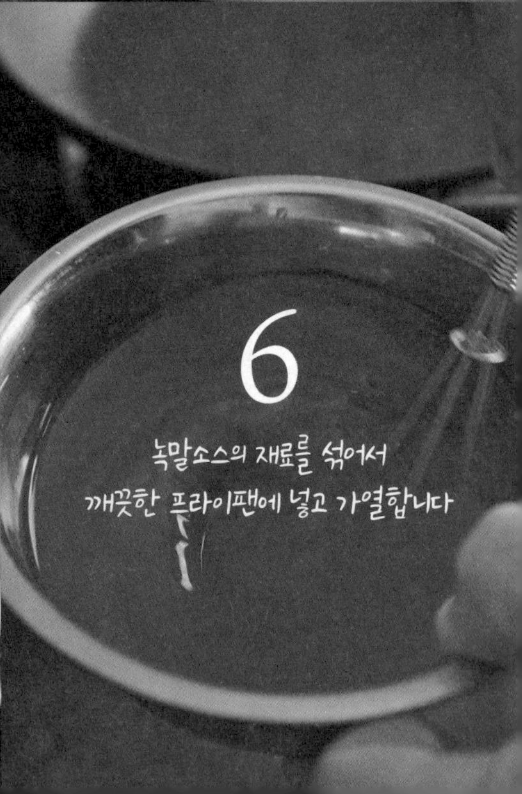

6

녹말소스의 재료를 섞어서
깨끗한 프라이팬에 넣고 가열합니다

3

프라이팬이 가열되는 동안
그릇에 밥을 담아둡니다

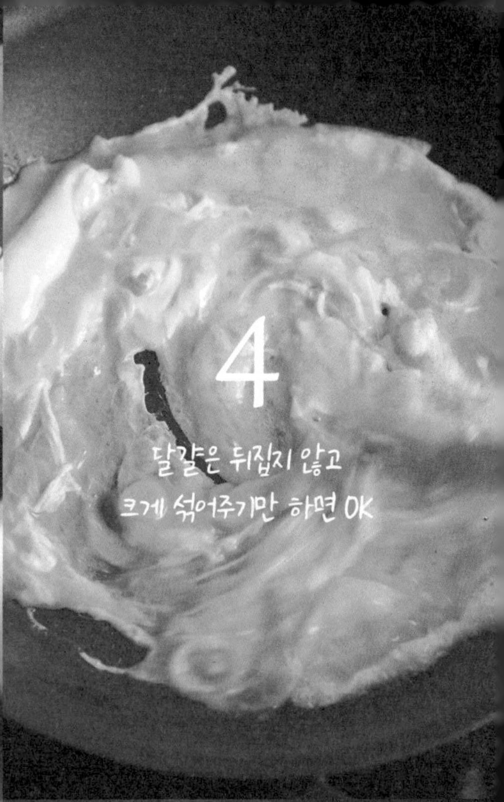

4

달걀은 뒤집지 않고
크게 섞어주기만 하면 OK

7

소스를 잘 끓여서
확실하게 익히는 것이 포인트!

8

달걀 위에 뜨거운 녹말소스를
듬뿍 부어주면 완성!

달걀프라이와 베이컨 덮밥

노른자는 살아 있으면서 가장자리는 파삭파삭하게,
맛있는 달걀프라이를 만드는 비결은 약불!

재료(1인분)

베이컨(두껍게 썬 것) 50g
식용유 1큰술
간장 적당량
후추(굵게 간 것) 조금
따뜻한 밥 적당량

만드는 방법

① 프라이팬에 식용유를 두르고 중불로 가열하고, 베이컨의 양면을 보기 좋은 색으로 구워서 미리 퍼 놓은 밥 위에 얹는다.
② ①의 프라이팬에 달걀을 깨서 넣고, 약불에서 가장자리가 파삭파삭해질 때까지 굽는다. ①의 밥 위에 달걀을 얹고, 간장을 둘러주고 후추를 뿌린다.

말지 않은 달걀말이 덮밥

밥 위에 얹은 달걀을 바로 돌돌 말아가며 먹는 재미,
보들보들하게 완성해서 먹는 달걀요리!

재료(1인분)

달걀　2개
A. 간장　1작은술
　일본식 맛국물 수프가루　½작은술
　소금　조금
식용유　1큰술
무(간 것), 간장　각 적당량
따뜻한 밥　적당량

만드는 방법

① 볼에 달걀을 풀어주고, A를 넣어 섞는다.
② 프라이팬에 식용유를 두르고 중불로 가열하고, ①을 붓고 몇 차례 섞어준다. 달걀이 반숙이 되면 미리 퍼 놓은 밥 위에 얹는다.
③ 무 간 것을 곁들이고, 간장을 뿌린다.

갓이 들어간 달걀 덮밥

조미료의 역할을 해주는 갓 장아찌,
도시락으로도 좋습니다.

재료(1인분)

달걀　2개
갓 장아찌(다진 것)　50g
간장　1작은술
참기름　2작은술
따뜻한 밥　적당량

만드는 방법

① 볼에 달걀을 풀어주고, 갓 장아찌와 간장을 넣고 섞는다.
② 프라이팬에 참기름을 두르고 중불로 가열하고, ①을 붓는다. 달걀을 잘 섞어가며 포슬포슬하게 소보로(생선이나 닭고기, 새우 등을 으깨서 양념한 다음 볶음) 상태가 될 때까지 볶아서 미리 퍼 놓은 밥 위에 얹는다.

아카시야키*풍 덮밥

따끈한 맛국물에, 문어의 풍미가 둥실둥실!

재료(1인분)

달걀 2개
삶은 문어 100g …한입 크기로 썰기
쪽파 2대
간장 1작은술
식용유 1큰술
A. 물 1컵
| 일본식 맛국물 수프가루 1작은술
| 소금 조금
따뜻한 밥 적당량

만드는 방법

① 볼에 달걀을 풀어주고 문어, 쪽파, 간장을 넣고 섞는다.
② 프라이팬에 식용유를 두르고 중불로 가열하고, ①을 붓고 여러 차례 섞는다. 달걀이 반숙이 되면 미리 퍼 놓은 밥 위에 얹는다.
③ A를 끓여서 덮밥 위에 붓는다.

*아카시야키: 일본 효고현의 음식으로 달걀을 주재료로 반죽해서 문어를 넣고 타코야끼처럼 구워낸 음식. 소스를 찍지 않고, 육수에 담가 먹는다.

바지락 미소된장 덮밥

밥 안 깊숙이 스며드는 바지락의 감칠맛!

재료(1인분)

달걀 2개
바지락 살 50g
대파 ¼대 …1㎝ 폭으로 어슷썰기
A. 물 5큰술
| 멘쯔유(4배 농축) 2큰술
따뜻한 밥 적당량

만드는 방법

① 작은 프라이팬에 바지락, 대파, A를 넣고 중불로 가열한다.
② 끓어오르면 풀어놓은 달걀을 둘러가며 넣어주고 달걀이 반숙이 되면 미리 퍼 놓은 밥 위에 얹는다.

벚꽃새우 달걀 덮밥

벚꽃새우의 엑기스가 녹아들어서,
새우튀김 덮밥의 맛이 납니다!

재료(1인분)

달걀　2개
벚꽃새우　10g
양파　½개 …세로 1㎝ 폭으로 자르기
A. 물　5큰술
| 멘쯔유(4배 농축)　2큰술
따뜻한 밥　적당량

만드는 방법

① 작은 프라이팬에 벚꽃새우, 양파, A를 넣고 중불로 올린다.
② 끓어오르면 풀어놓은 달걀을 둘러가며 넣고 반숙이 되면 미리 퍼 놓은 밥에 얹는다.

낫또 달걀 덮밥

정말 사랑하는 낫또와 달걀의 절묘한 콜라보!
밥알 한 알, 한 알이 걸쭉하게 감겨 더욱 부드럽습니다.

재료(1인분)

달걀 2개
낫또 1팩 …동봉된 소스와 겨자를 섞기
대파 ¼대 …잘게 썰기
간장 1작은술
식용유 1큰술
따뜻한 밥 적당량

만드는 방법

① 볼에 달걀을 풀어주고 낫또, 대파, 간장을 넣고 섞는다.
② 프라이팬에 식용유를 넣고 중불로 가열하고, ①을 붓고 여러 차례 섞어준다. 달걀이 반숙이 되면 미리 퍼 놓은 밥에 얹는다.

미모사 샐러드* 덮밥

두툼하고 투박하게 자른 베이컨이 주는 포만감,
삶은 달걀은 조금 굵게 다져서 덮밥 위에 뿌려줍니다.

재료(1인분)

달걀(삶은 것) 1개 …조금 굵게 다지기
베이컨(두툼한 것) 30g …1㎝ 각으로 자르기
그린 아스파라거스 1개 …1㎝ 각으로 자르기
올리브유 2작은술
소금, 후추 각 조금
마요네즈 적당량
따뜻한 밥 적당량

만드는 방법

① 프라이팬에 올리브유를 두르고 중불로 가열하고, 베이컨과 아스파라거스를 볶는다. 아스파라거스의 숨이 죽으면 소금, 후추를 뿌린다.
② 미리 퍼 놓은 밥 위에 ①을 얹고, 삶은 달걀과 마요네즈를 뿌린다.

*미모사 샐러드: 러시아의 대표적인 샐러드 중 하나로 곱게 다진 노란 달걀이 미모사와 닮아서 지어졌다.

까르보나라 덮밥

파스타 소스로 즐기는 새로운 덮밥!

재료(1인분)

달걀 2개
피자용 치즈 30g
우유 2큰술
베이컨 2장 …1㎝ 폭으로 자르기
올리브유 2작은술
후추(굵게 간 것) 적당량
따뜻한 밥 적당량

만드는 방법

① 볼에 달걀을 풀어주고 치즈, 우유를 넣고 섞는다.
② 프라이팬에 올리브유를 두르고 중불로 가열하고 베이컨을 바삭하게 굽는다.
③ ①을 붓고 여러 차례 섞어주고, 달걀이 반숙이 되면 미리 퍼 놓은 밥 위에 얹고 후추를 뿌린다.

토마토 달걀볶음 덮밥

센 불에서 재빠르게 완성시키는 것이 포인트!

재료(1인분)

달걀 2개
토마토 1개 …한 입 크기로 자르기
A. 간장, 우스터소스 각 1작은술
| 소금, 후추 각 조금
식용유 1큰술
따뜻한 밥 적당량

만드는 방법

① 볼에 달걀을 풀어주고 A, 토마토 순서로 넣고 섞는다.
② 프라이팬에 식용유를 두르고 중불로 가열하고 ①을 붓고 여러 차례 섞는다. 달걀이 반숙이 되면 미리 퍼 놓은 밥에 얹는다.

제2장

듬뿍 먹고 싶어!
포만감 가득 볼륨 덮밥

배가 너무 고플 때는 맛있는 걸 듬뿍 먹고 싶다!
이럴 때 추천하는 것이 건더기가 듬뿍 들어간 볼륨 덮밥.
따로 따로 먹어도 맛있지만, 밥에 얹어 먹으면 신기하게 맛이 배가 되는 레시피들을 모았습니다.
하루의 끝을 행복하게 마무리해주는 덮밥들입니다.

소고기 우엉조림 덮밥

수저를 멈출 수 없는 달콤짭짤한 소고기와 우엉조림!
생강을 갈아 듬뿍 넣으면 더욱 맛있습니다.

재료(1인분)

소고기(얇게 자른 것) 100g …4등분으로 자르기
우엉 50g …얇게 어슷썰기
식용유 2작은술
A. 간장 2큰술
| 설탕 1큰술
간 생강 1작은술
따뜻한 밥 적당량

만드는 방법

① 프라이팬에 식용유를 두르고 중불로 가열하고 우엉이 부드러워질 때까지 볶는다.
② 소고기를 넣고 고기의 색이 반 정도 변하면 A를 넣고 2분 정도 졸인다. 미리 퍼 놓은 밥에 얹고 생강을 곁들인다.

소고기 당근볶음 덮밥

필러로 얇게 깎은 당근을 볶으면 새로운 식감을 맛볼 수 있어요.
가다랑어포를 솔솔 뿌리면 감칠맛도 더해집니다.

재료(1인분)

소고기(잘게 썬 것)　100g
당근　½개 …필러로 리본 모양으로 벗기기
참기름　2작은술
A. 간장　2작은술
| 일본식 맛국물 수프가루　1작은술
가다랑어포　적당량
따뜻한 밥　적당량

만드는 방법

① 프라이팬에 참기름을 두르고 중불로 가열하고 소고기를 볶는다.
② 소고기의 색이 반 정도 변하면 당근을 넣고 숨이 죽을 때까지 볶는다.
③ A를 넣어 살짝 볶는다. 미리 퍼 놓은 밥 위에 얹고 가다랑어포를 뿌린다.

대파 소고기구이 덮밥

대파가 듬뿍 들어간 소고기구이는 하얀 쌀밥이 정답!
소금 간만 해 맛이 깔끔해요.

재료(1인분)

소고기(불고기용) 150g
대파 ½대 …잘게 썰기
참기름 2작은술
소금, 후추 각 조금
치킨스톡 1작은술
따뜻한 밥 적당량

만드는 방법

① 프라이팬에 참기름을 두르고 중불로 가열하고, 소고기를 볶다 색이 변하면 소금과 후추를 뿌린다.
② 대파, 치킨스톡을 넣어 살짝 볶아주고, 미리 퍼 놓은 밥에 얹는다.

돼지고기 카레마요볶음 덮밥

카레가루를 넣으면 식욕이 업!
뒤이어 따라오는 마요네즈와 함께 먹어보세요.

재료(1인분)

돼지고기　150g …잘게 썰기
식용유　2작은술
A. 마요네즈　2큰술
｜ 카레가루　1작은술
마요네즈　적당량
따뜻한 밥　적당량

만드는 방법

① 프라이팬에 식용유를 두르고 중불로 가열한 뒤, 돼지고기의 색이 변할 때까지 볶는다.
② A를 넣고 살짝 볶는다. 미리 퍼 놓은 밥에 얹고 마요네즈를 곁들인다.

돼지고기 샤브샤브 덮밥

향긋한 내음을 더해주는 깻잎!
돼지고기는 불을 끄고 데치면 더 부드럽게 완성

재료(1인분)

돼지고기(샤브샤브용) 100g
콩싹 50g …반으로 자르기
A. 간장, 식초 각 1큰술
| 볶은 참깨 1작은술
깻잎 2장 …채썰기
따뜻한 밥 적당량

만드는 방법

① 냄비에 물을 가득 부어 끓이고 불을 끈 다음, 돼지고기를 넣고 데친다. 색이 변하면 건져서 수분을 뺀다.
② 미리 퍼 놓은 밥에 콩싹과 ①을 얹고, 섞어놓은 A를 둘러주고 깻잎을 얹는다.

삼겹살 가지미소된장볶음 덮밥

삼겹살의 고소한 감칠맛을 싹 흡수한, 부드러운 가지의 맛이 일품!
은은하게 달콤한 미소된장의 맛이 뒤이어 따라옵니다.

재료(1인분)

돼지고기(삼겹살) 100g …3㎝ 폭으로 자르기
가지 1개 …한입 크기로 썰기
식용유 1큰술
A. 미소, 설탕, 물 각 1큰술
| 간장 2작은술
따뜻한 밥 적당량

만드는 방법

① 프라이팬에 식용유를 두르고 중불로 가열한 뒤, 돼지고기의 색이 변할 때까지 볶는다.
② 가지를 넣어 볶고, 숨이 죽으면 잘 섞어둔 A를 넣고 다시 가볍게 볶는다. 그릇에 담은 밥 위에 얹는다.

돼지고기 스테이크 덮밥

그야말로 돼지고기를 듬뿍 먹는 덮밥!
알싸한 마늘을 더해 만듭니다.

재료(1인분)

돼지고기(돈가스용 등심) 2장(200g)
양배추 2장 …채썰기
마늘 1쪽 …편 썰기
소금, 후추 각 조금
식용유 1큰술
따뜻한 밥 적당량

만드는 방법

① 돼지고기에 소금, 후추를 뿌린다.
② 프라이팬에 식용유와 마늘을 넣고 약불에서 보기 좋게 색이 나면 꺼낸다.
③ 중불에서 돼지고기를 넣고 양면을 2분씩 굽고 먹기 좋게 자른다. 양배추와 함께 그릇에 담은 밥 위에 얹고 ②를 뿌린다.

닭고기 바질볶음 덮밥

조금은 이국적인 가파오* 라이스풍!
바질은 재빠르게 볶아서 향을 살립니다.

재료(1인분)

닭 넓적다리살 100g …2㎝ 각으로 자르기
바질 5장 …짓이기기
파프리카(노란색) ½개 …1㎝ 사방으로 자르기
참기름 2작은술
소금, 후추 각 조금
A. 간장 1큰술
| 설탕 1작은술
따뜻한 밥 적당량

만드는 방법

① 프라이팬에 참기름을 두르고 중불로 가열하고 닭고기의 색이 변할 때까지 볶고, 소금과 후추를 뿌린다.
② 파프리카를 넣고 숨이 죽으면 바질, A를 넣고 살짝 볶는다. 그릇에 담은 밥 위에 얹는다.

*가파오: 다진 고기와 바질을 넣고 볶은 태국 요리로, 밥과 달걀프라이가 함께 나오는 경우가 많다.

닭고기 무 겨자소스볶음 덮밥

냉장고 구석에 항상 있는 '연겨자'!
재료를 볶을 때 넣으면 밥과 잘 어울리는 새로운 맛이 나타납니다.

재료(1인분)

닭 넓적다리 살　100g …한입 크기로 자르기
무　3㎝ …2㎜ 두께로 은행잎 썰기
식용유　2작은술
A. 간장　1큰술
| 연겨자　1작은술
연겨자　조금
따뜻한 밥　적당량

만드는 방법

① 프라이팬에 식용유를 두르고 중불로 가열하고, 닭고기의 색이 변할 때까지 볶는다.
② 무를 넣어 볶고, 숨이 죽으면 섞어둔 A를 넣고 다시 살짝 볶는다. 그릇에 담은 밥에 얹고 연겨자를 곁들인다.

닭고기 애호박볶음 덮밥

듬뿍 넣은 후추의 맛을 살리는 것이 포인트!
마무리로 레몬즙을 짜서 뿌리는 것도 추천합니다.

재료(1인분)

닭 넓적다리 살　100g …1㎝ 폭으로 잘게 자르기
애호박　½개 …5㎜ 두께로 반달썰기
올리브유　2작은술
후추(굵게 간 것)　적당량
따뜻한 밥　적당량

만드는 방법

① 프라이팬에 올리브유를 둘러 중불로 가열하고, 닭고기의 색이 변할 때까지 볶는다.
② 애호박을 넣어 볶고 숨이 죽으면 소금, 후추를 살짝 뿌린다. 그릇에 담은 밥에 얹고, 취향에 따라 마지막에 후추를 조금 뿌린다.

간 부추볶음 덮밥

간은 딱딱해지기 쉬우므로 볶을 때 주의!

재료(1인분)

닭 간 100g …잘 씻어서 수분을 제거하고 반으로 자르기
부추 4줄기 …5㎝ 길이로 자르기
숙주 50g
참기름 2작은술
소금, 후추 각 조금
A. 간장 1큰술
| 간 생강 2작은술
| 우스터소스 1작은술
따뜻한 밥 적당량

만드는 방법

① 간에 섞어둔 A를 넣고 양념이 배도록 주무른다.
② 프라이팬에 참기름을 둘러 중불로 가열하고, ①을 넣고 3분 정도 볶는다.
③ 부추, 숙주를 넣고 소금, 후추를 뿌리고 살짝 볶아서 밥 위에 얹는다.

만두소 덮밥

만두를 빚지 않고서도 맛보는 만두의 맛!

재료(1인분)

돼지고기(다진 것) 100g
양배추 2장 …사방 1㎝ 폭으로 자르기
부추 4줄기 …2㎝ 길이로 자르기
참기름 2작은술
소금, 후추 각 조금
A. 간장 1큰술
| 우스터소스 1작은술
따뜻한 밥 적당량

만드는 방법

① 프라이팬에 참기름을 둘러 중불로 가열하고 다진 고기를 으깨며 포슬포슬하게 볶고, 색이 변하면 소금과 후추를 뿌린다.
② 양배추와 부추를 넣어 볶고, 숨이 죽으면 A를 넣고 다시 살짝 볶은 다음 밥 위에 얹는다.

대만식 루로우판*풍 덮밥

휘리릭 뿌린 오향분으로 대만 여행을 온 기분을 내보는 덮밥!
삶은 달걀을 곁들이면 더욱 좋습니다

재료(1인분)

다진 돼지고기 150g
생강 ½조각 …굵게 썰기
대파 ¼대 …1㎝ 폭으로 잘게 썰기
참기름 2작은술
A. 물 1컵
간장 1과 ½큰술
설탕 1큰술
오향분 조금
삶은 달걀 1개
따뜻한 밥 적당량

만드는 방법

① 프라이팬에 참기름을 두르고 중불로 가열해 생강을 볶는다. 향이 나기 시작하면 다진 고기를 넣고 포슬포슬 소보로 상태가 될 때까지 볶는다.
② 대파와 A를 넣고 수분이 없어질 때까지 5~6분 정도 볶듯이 조린다.
③ 이등분한 삶은 달걀과 함께 밥에 얹는다.

*루로우판: 대만식 덮밥으로 돼지고기 삼겹살 등 지방이 많은 고기를 간장, 청주를 넣고 달콤짭잘하게 조려서 밥 위에 얹은 음식이다.

라오스식 랍*풍 덮밥

이 양념은 생선요리에도 좋아요.
라임은 맛을 한층 돋워주는 역할을 해요.

재료(1인분)

돼지고기(다진 것) 150g
양파 ¼개 …가로로 얇게 썰기
마늘 ½쪽 …잘게 썰기
고수 3줄기 …2㎝ 폭으로 썰기
민트 10장 …굵게 다지기
식용유 2작은술
A. 피시소스 2작은술
| 설탕 ½작은술
라임 ⅛개 …반달썰기
따뜻한 밥 적당량

만드는 방법

① 프라이팬에 참기름을 두르고 중불로 가열하고 양파, 마늘은 색이 날 때까지 바삭하게 볶는다.
② 다진 고기를 넣고 포슬포슬하게 볶아주고 고기의 색이 변하면 고수, 민트, A를 넣고 다시 살짝 볶는다. 밥 위에 얹고 라임을 곁들인다.

*랍: 라오스와 태국 북부의 다진 고기 샐러드다.

타코라이스

타바스코로 매콤함을 야무지게 보태 멕시코의 맛을 더욱 강렬하게!
다진 소고기는 물론 잘게 썬 고기로 해도 맛있습니다.

재료(1인분)

고기(다진 것) 100g
양상추 2장 …2㎝ 폭으로 잘게 자르기
토마토 ½개 …1㎝ 각으로 자르기
올리브유 2작은술
소금, 후추 각 조금
A. 토마토케첩 1큰술
| 우스터소스 1큰술
치즈가루 적당량
따뜻한 밥 적당량

만드는 방법

① 프라이팬에 올리브유를 두르고 중불로 가열해 다진 고기를 포슬포슬하게 볶고, 색이 변하면 소금과 후추를 뿌린다.
② A를 넣고 수분을 날리듯이 볶는다.
③ 밥 위에 양상추, ②, 토마토를 얹고 치즈가루를 뿌린다.

다진 고기 생강볶음 덮밥

생강은 약간 굵게 다져서 식감을 살리고,
쪽파로 색감을 살립니다.

재료(1인분)

다진 고기 150g
쪽파 4대 …잘게 썰기
생강 2조각 …굵게 다지기
A. 물 1컵
간장 1과 ½큰술
설탕 1큰술
따뜻한 밥 적당량

만드는 방법

① 프라이팬에 다진 고기, 생강, A를 넣고 고기를 으깨준 후, 중불로 가열한다.
② 잘 섞어가며 수분이 없어질 때까지 볶듯이 조린다.
③ 쪽파를 넣어 살짝 섞어주고, 밥에 얹는다.

연어 찬찬야키* 덮밥

기본이지만 역시나 궁합이 좋은 레시피!
불포화지방산이 많은 연어는 포만감도 탁월합니다.

재료(1인분)

생 연어 1조각 …한입 크기로 자르기
양배추 2장 …한입 크기로 자르기
당근 2㎝ …2㎜ 두께의 반달썰기
대파 ¼대 …얇게 어슷썰기
버터 10g
A. 미소 1큰술
| 간장, 설탕 각 1작은술
따뜻한 밥 적당량

만드는 방법

① 프라이팬에 버터를 두르고 중불로 가열하여, 연어의 양면을 보기 좋은 색으로 굽는다.
② 양배추, 당근, 대파를 넣고 숨이 죽을 때까지 볶는다.
③ 잘 섞어둔 A를 넣고 볶아서 밥 위에 얹는다.

*찬찬야키: 연어 등의 생선과 채소를 철판에서 구운 홋카이도의 요리.

청새치와 방울토마토 소테* 덮밥

맛있게 익은 토마토가 걸쭉한 소스의 역할을 하면서,
청새치의 고급스러운 감칠맛을 훌륭하게 이끌어냅니다.

재료(1인분)

청새치 1조각
방울토마토 4개 …반으로 자르기
파슬리(다진 것) 2작은술
올리브유 2작은술
A. 물 2큰술
| 멘쯔유(4배 농축) 2큰술
따뜻한 밥 적당량

만드는 방법

① 프라이팬에 올리브유를 두르고 중불로 가열해, 청새치의 양면을 2분씩 굽는다.
② 방울토마토를 넣어 볶고, 숨이 죽으면 파슬리, A를 넣어 섞어 주고 밥 위에 얹는다.

*소테: 서양 요리의 하나로 버터를 발라 살짝 튀긴 고기요리를 말한다.

새우와 아보카도 와사비마요볶음 덮밥

아보카도는 조금 단단하게 볶고,
궁합이 좋은 와사비를 함께 넣으면 톡 쏘는 맛이 입맛을 돋게 합니다.

재료(1인분)

새우(껍질 벗긴 것) 8마리
아보카도 ½개 …한입 크기로 자르기
참기름 2작은술
A. 마요네즈 2큰술
와사비 2작은술
간장 1작은술
따뜻한 밥 적당량

만드는 방법

① 새우는 등 부분에 이쑤시개를 넣어 내장을 제거한다.
② 프라이팬에 참기름을 두르고 중불로 가열해 새우를 2~3분 정도 볶는다.
③ 아보카도, A를 넣고 재빠르게 볶은 뒤, 밥에 얹는다.

관자와 아스파라거스 버터간장볶음 덮밥

버터 간장으로 감칠맛을 상승시키고,
관자는 반건조 상태가 딱 좋습니다.

재료(1인분)

관자 5개 …이등분하기
그린 아스파라거스 2대 …2~3㎝ 길이로 자르기
올리브유 2작은술
간장 2작은술
버터 10g
따뜻한 밥 적당량

만드는 방법

① 프라이팬에 올리브유를 두르고 중불로 가열해, 관자의 양면에 노릇한 색이 나도록 굽는다. 아스파라거스를 넣고 1분 정도 볶는다.
② 간장, 버터를 넣고 살짝 볶고, 밥 위에 얹는다.

오징어 셀러리 폰즈볶음 덮밥

오징어는 재빠르게 볶아서 부드럽게 완성합니다.

재료(1인분)

오징어 1마리 …내장과 뼈는 제거하기
셀러리 ½대 …5㎜ 두께로 작게 썰기
양파 ¼개 …세로 1㎝ 폭으로 썰기
소금, 후추 각 조금
참기름 2작은술
폰즈간장 2큰술
따뜻한 밥 적당량

만드는 방법

① 오징어의 몸통은 1㎝ 폭의 링 모양으로 썰고, 다리는 1~2개씩 나눠서 잘라준다.
② 프라이팬에 참기름을 두르고 중불로 가열해 ①을 넣어 1분 정도 볶아주고, 소금과 후추를 뿌린다.
③ 셀러리, 양파를 넣어 볶고, 숨이 죽으면 폰즈간장을 넣고 재빠르게 볶아 밥 위에 얹는다.

튀긴 두부 청경채볶음 덮밥

걸쭉한 녹말소스로 중식의 느낌을 살렸습니다.

재료(1인분)

튀긴 두부(또는 부친 두부) ½장(100g)
…1㎝ 두께의 한입 크기로 자르기
청경채 한 포기 …한입 크기로 자르기
참기름 2작은술
A. 물 ½컵
간장 2작은술
우스터소스, 치킨스톡, 녹말가루 각 1작은술
따뜻한 밥 적당량

만드는 방법

① 프라이팬에 참기름을 두르고 중불로 가열하고, 두부의 양면을 잘 굽는다.
② 청경채를 넣어 재빠르게 볶고, 섞어둔 A를 넣는다. 잘 저어가며 끓여서 점도를 내고 밥 위에 얹는다.

제3장

밤 9시가 넘었네!
가벼운 야식 덮밥

늦은 시간에 먹어도 위에 부담이 없고,
칼로리를 낮춘 덮밥 레시피가 바로 여기에 있습니다.
"오늘은 야근, 내일도 일찍 출근해야 하다니!" 매일 일에 쫓기거나,
왠지 식욕이 없을 때 먹는 가벼운 한 끼.
맛 좋고 몸에 좋은 덮밥으로 내일의 에너지를 충전하세요!

연두부 덮밥

조리 시간은 불과 2~3분,
오차즈케*처럼 술술 들어갑니다.

재료(1인분)

연두부 ⅓모(100g) …먹기 좋게 으깨기
대파 5㎝ …잘게 썰기
가다랑어포, 생강(간 것) 각 적당량
간장 2작은술
따뜻한 밥 적당량

만드는 방법

밥 위에 두부, 대파, 가다랑어포, 간 생강을 얹고 간장을 둘러준다.

*오차즈케: 녹차에 밥을 말아먹는 요리.

꼬시래기* 참깨두부 덮밥

꼬시래기의 매끈한 식감과
보들보들한 연두부의 만남!

재료(1인분)

연두부　⅓모(100g) …한입 크기로 으깨기
꼬시래기(조미되지 않은 것)　1팩(약 60g)
볶은 참깨　1작은술
멘쯔유(4배농축)　1큰술
따뜻한 밥　적당량

만드는 방법

볼에 두부, 꼬시래기, 참깨, 멘쯔유를 넣고 섞은 뒤, 밥 위에 얹는다.

*꼬시래기: 해초의 한 종류.

두부 스테이크 덮밥

두부를 넣어 폭신폭신한 스테이크,
저칼로리로 다이어트 중에도 추천!

재료(1인분)

연두부 ⅓모(100g) …한입 크기로 으깨기
돼지고기(다진 것) 50g
미소 된장 2작은술
참기름 2작은술
A. 물 2큰술
| 간장 1큰술
| 설탕 2작은술
달걀노른자 1개 분량
따뜻한 밥 적당량

만드는 방법

① 볼에 두부, 다진 고기, 미소 된장을 넣고 끈기가 생길 때까지 치대고, 2㎝ 두께의 타원형 모양으로 빚는다.
② 프라이팬에 참기름을 두르고 중불로 가열해 ①을 넣고 노릇노릇한 색이 나면 뒤집어준 다음, 뚜껑을 덮고 약불에서 4~5분 정도 굽는다.
③ A를 넣어 잘 엉기게 섞어주고 미리 퍼 놓은 밥 위에 얹고, 날달걀 노른자를 곁들인다.

바지락 양상추 덮밥

생강 맛이 살아 있는 수프로,
몸이 따뜻해져 잠이 잘 옵니다.

재료(1인분)

바지락(껍질째, 해감한 것) 100g
양상추 3장 …한입 크기로 뜯기
A. 물 1컵
 생강(간 것) 1작은술
 일본식 맛국물 수프가루 ½작은술
 소금 조금
녹말가루 1작은술
따뜻한 밥 적당량

만드는 방법

① 프라이팬에 바지락, A를 넣고 중불에서 끓인다.
② 바지락의 입이 벌어지면 동량의 물을 넣고 풀어놓은 녹말가루로 점도를 낸 다음, 불을 끈다.
③ 양상추를 넣어 한 번 섞어주고 미리 퍼 놓은 밥 위에 얹는다.

미역 달걀 덮밥

수프에 점도를 내어 부드러운 식감을.
풀어놓은 달걀로 폭신하게 완성시킵니다.

재료(1인분)

미역(건조된 것) 2g …잘게 자르기
달걀 1개
대파 5㎝ …굵게 자르기
A. 물 1컵
치킨스톡, 참기름, 녹말가루 각 1작은술
소금 조금
따뜻한 밥 적당량

만드는 방법

① 프라이팬에 미역, 대파, 섞어둔 A를 넣고 중불에서 섞어가며 끓인다.
② 풀어놓은 달걀을 둘러가며 넣어주고, 반숙이 되면 밥에 얹는다.

도미 오차즈케

조금 리치한 맛의 야식 덮밥.
고급 일식집에서 맛볼 수 있는 품격 있는 맛입니다.

재료(1인분)

도미회(얇게 썬 것) 100g
A. 볶은 참깨 3큰술
| 간장 1과 ½큰술
| 설탕 1작은술
B. 물 1컵
| 일본식 맛국물 수프가루 1작은술
와사비 적당량
따뜻한 밥 적당량

만드는 방법

① 볼에 A를 넣어 섞어주고, 도미를 넣어 가볍게 버무린다.
② 밥에 ①을 얹고, 와사비를 곁들인다.
③ B를 끓여서 ②에 부어 먹는다.

일본식 치킨샐러드 덮밥

편리한 샐러드용 치킨으로 간편하게 완성!
가볍고 깔끔한 맛인데, 어느새 허기를 채워줍니다.

재료(1인분)

샐러드용 치킨(플레인)또는 닭 가슴살 1팩(100~120g)
…먹기 좋은 크기로 찢기
새싹 채소 30g
간장 드레싱 2큰술
따뜻한 밥 적당량

만드는 방법

밥 위에 새싹 채소, 샐러드용 치킨을 얹고 드레싱을 둘러준다.

닭고기 숙주볶음 덮밥

깻잎의 풍미가 가득한 담백한 볶음요리!

재료(1인분)

닭 가슴살 100g …한입 크기로 엇베어 썰기
숙주 50g
깻잎 4장 …굵게 다지기
참기름 2작은술
멘쯔유(4배 농축) 1큰술
따뜻한 밥 적당량

만드는 방법

① 프라이팬에 참기름을 두르고 중불로 가열해 닭고기를 볶는다. 색이 변하면 숙주를 넣고 다시 볶는다.
② 깻잎, 멘쯔유를 넣고 살짝 볶아서 밥 위에 얹는다.

어묵 곤약 덮밥

어묵과 곤약!
서로 다른 두 가지의 식감이 재밌다.

재료(1인분)

어묵(또는 한펜*) 1장 …한입 크기로 자르기
곤약(거품 걷어낸 것) 50g …한입 크기로 자르기
대파 ¼대…어슷썰기
식용유 2작은술
A. 물 2큰술
 간장 1큰술
 설탕 1작은술
시치미 토우가라시(또는 고춧가루) 적당량
따뜻한 밥 적당량

*한펜: 다진 생선살에 마 등을 갈아 넣고 반달형으로 쪄서 굳힌 식품으로, 어묵 전골에 많이 들어간다.

만드는 방법

① 프라이팬에 식용유를 두르고 중불로 가열해 어묵, 곤약, 대파를 볶는다.
② 어묵이 노릇해지면 A를 넣고 수분이 없어질 때까지 볶는다. 밥 위에 얹고 시치미 토우가라시를 뿌린다.

실곤약 매실 소보로 덮밥

달콤 짭짤한 맛에 깔끔한 매실 절임의 풍미를 보태면 더욱 새롭습니다.
매실 대신 카레가루를 뿌려도 좋습니다.

재료(1인분)

다진 닭고기 100g
실 곤약(거품을 걷어낸 것) 50g …큼직하게 자르기
줄기 콩 2개 …작게 썰기
A. 물 1컵
매실 절임 ½개 …씨를 제거하고 다지기
간장 1큰술
설탕 1작은술
일본식 맛국물 수프가루 ½작은술
따뜻한 밥 적당량

만드는 방법

① 프라이팬에 다진 닭고기, 실 곤약, A를 넣고 중불로 가열한다. 다진 고기가 뭉치지 않게 풀어주면서 수분이 없어질 때까지 볶듯이 끓인다.
② 줄기 콩을 넣어 살짝 볶고, 밥 위에 얹는다.

타마고도후* 소송채죽

후루룩 먹을 수 있는 부드러운 달걀두부의 맛.

재료(1인분)

타마고도후(또는 연두부) 1팩
소송채 한 포기 …1㎝ 폭으로 자르기
A 물 1컵
| 치킨스톡 1작은술
따뜻한 밥 적당량

*타마고도후: 콩이나 두부를 쓰지 않고 달걀을 쪄서 만드는 일본식 달걀요리.

만드는 방법

프라이팬에 타마고도후를 넣어 살짝 으깨고 소송채, 밥, A를 넣는다. 중불에서 한 번 끓여낸다.

브로콜리 게맛살 덮밥

부드러운 브로콜리가 밥과 잘 어우러집니다.

재료(1인분)

브로콜리 100g …잘게 나눠 자르기
게맛살 4개 …잘게 찢기
녹말가루 2작은술
A. 물 1컵
| 치킨스톡 1작은술
| 소금 ¼작은술
| 후추 조금
따뜻한 밥 적당량

만드는 방법

① 프라이팬에 브로콜리, 게맛살, A를 넣고 중불에서 끓기 시작하면 2분 정도 졸인다.
② 동량의 물에 풀어놓은 녹말가루로 끈기를 내고 밥 위에 얹는다.

제4장

빨리 먹고 싶어!
바로 먹는 덮밥

집에 있는 재료를 이것저것 자르고, 버무려서 올리기만 하면 끝!
가스레인지 앞에 있는 시간과 수고를 생략하면,
빠르게 만들 수 있는 것은 물론 설거지감도 줄어들고,
허기를 채울 수 있는 덮밥이 완성됩니다.
재료의 조합만으로 이렇게 맛있어질 줄이야!

파드득 나물 콘비프 덮밥

아삭아삭 파드득 나물과 잘 어우러지도록,
콘비프는 덩어리를 잘 풀어서 버무리자!

재료(1인분)

콘비프 통조림 ½캔(약 50g) … 덩어리를 풀기
파드득 나물 1묶음 … 3㎝ 길이로 자르기
간장, 와사비 각 적당량
따뜻한 밥 적당량

만드는 방법

① 볼에 콘비프, 파드득 나물을 넣고 버무린다.
② 밥 위에 얹은 다음, 와사비를 곁들이고 간장을 둘러준다.

부추 낫또 오이무침 덮밥

오이는 두들겨서 맛이 잘 배게 하고,
조금 크게 잘라서 식감을 살리자!

재료(1인분)

부추 3줄기 … 1㎝ 폭으로 자르기
낫또 1팩(50g)
오이 ½개 … 밀대로 두들겨서 한입 크기로 자르기
간장 ½작은술
따뜻한 밥 적당량

만드는 방법

① 볼에 부추, 낫또와 동봉된 소스, 겨자, 간장을 넣고 섞는다.
② 오이와 함께 밥 위에 얹는다.

아보카도 팽이버섯 덮밥

조미료 대신 사용하는 팽이버섯 통조림!
예상 밖의 조합이 놀랄 정도로 잘 어울린다.

재료(1인분)

아보카도 ½개 … 한입 크기로 자르기
팽이버섯 통조림 3큰술
따뜻한 밥 적당량

만드는 방법

밥 위에 자른 아보카도를 얹은 다음, 그 위에 팽이버섯을 올린다.

무순 참치마요 덮밥

실패가 없는 감칠맛의 참치마요!
톡 쏘는 무순이 악센트를 줍니다.

재료(1인분)

참치통조림 1캔(약 70g) … 가볍게 기름 제거하기
무순 ½팩 … 3㎝ 길이로 자르기
A 마요네즈 2큰술
| 간장 ½작은술
따뜻한 밥 적당량

만드는 방법

볼에 참치, 무순, A를 넣고 버무린 다음 밥 위에 얹는다.

참치 양배추 다시마 덮밥

양배추는 크게 찢어서 식감을 살리고,
염장 다시마는 풍부한 감칠맛을 내는 조미료의 역할을 합니다.

재료(1인분)

참치 통조림　작은 것 1캔(약 70g) … 가볍게 기름 제거하기
양배추　2장 … 한입 크기로 찢기
염장 다시마　20g
따뜻한 밥　적당량

만드는 방법

① 볼에 참치, 양배추, 염장 다시마를 넣고 버무린다.
② 미리 퍼 놓은 밥 위에 얹는다.

중국식 방방지*풍 덮밥

샐러드용 치킨으로 중화풍의 대표적인 전채요리를 순식간에!
드레싱의 적당한 산미가 샐러드풍의 덮밥으로 만들어줍니다.

재료(1인분)

샐러드용 치킨(플레인)또는 닭 가슴살　1팩(100~120g)
…길게 채썰기

양상추(잎채소)　2장 …한입 크기로 찢기

참깨드레싱　적당량

따뜻한 밥　적당량

*방방지: 중국 요리의 하나로 삶은 닭고기를 가늘게 찢어,
고추장 비슷한 향신료로 무친 음식.

만드는 방법

밥 위에 잎채소, 샐러드용 치킨을 얹고 참깨드레싱을 둘러준다.

라유* 스팸 토마토 덮밥

말이 필요 없는 스팸과 촉촉한 토마토를 더하고,
매콤하게 톡 쏘는 라유를 넣으면 식욕을 돋궈주는 역할을 합니다.

재료(1인분)

스팸(작은 것) ½캔 …1㎝ 두께로 썰기
토마토 ½개 …1㎝ 각으로 썰기
라유 적당량
따뜻한 밥 적당량

만드는 방법

① 오븐 토스터(또는 프라이팬)에 스팸을 바삭하게 굽는다.
② 토마토와 함께 밥 위에 얹고, 라유를 둘러준다.

*라유: 고추기름.

미역귀 오크라* 양하* 덮밥

끈적끈적 콤비와 일본의 야마가타 지방의 맛으로,
양하의 향이 신선하게 퍼집니다.

재료(1인분)

미역귀(조미되지 않은 것) 1팩(약40g)
오크라 3개 …작게 썰기
양하 1개 …작게 썰기
A. 멘쯔유(4배 농축) 2작은술
| 참기름 ½작은술
따뜻한 밥 적당량

만드는 방법

볼에 미역귀, 오크라, 양하, A를 넣어 섞고 밥 위에 얹는다.

*오크라: 아열대 채소.
*양하: 고급 향신 채소.

냉국밥

따끈한 맛국물에, 문어의 풍미가 둥실둥실!

재료(1인분)

연어 통조림 1캔(약100g)
오이 ½개 …작게 썰기
양하 1개 …작게 썰기
A. 물 1컵
| 볶은 참깨 2큰술
| 간장 2작은술
따뜻한 밥 적당량

만드는 방법

볼에 연어통조림(안의 기름도 함께), 오이, 양하, A를 넣어 섞어주고, 밥 위에 얹는다.

정어리 마 덮밥

마는 굵게 다져서 식감을 살리는 게 포인트!

재료(1인분)

정어리 간장양념 통조림 1캔(100g)
A. 마 3㎝ …굵게 다지기
| 매실절임 1개 …씨를 제거하고 다지기
따뜻한 밥 적당량

만드는 방법

① 정어리 통조림은 내열 용기에 담아 랩을 씌워 전자레인지에서 1분 정도 가열한다.
② 다른 볼에 A를 넣어 섞고 ①과 함께 밥 위에 얹는다.

제5장

마트에서 사왔어!
임기응변 덮밥

마트의 마감 시간 직전에 득템한 돈가스나 새우튀김, 우엉조림 등과
부엌 한 구석에 잠자고 있던 통조림이
맛깔스러운 덮밥으로 대변신합니다.
그냥 먹어도 맛있어서 요리 실패는 절대 없어요!

멘치가츠를 이용한
멘치가츠동*

멘치가츠는 무를 갈아서 깔끔한 맛으로 완성!
깻잎이나 양하 등 취향에 맞는 채소를 넣어 드세요.

재료(1인분)

멘치카츠 1개
무 3㎝ …갈아 놓기
실파 2대 …작게 썰기
폰즈간장 적당량
따뜻한 밥 적당량

만드는 방법

① 멘치가츠는 오븐 토스터에 데워서 한입 크기로 썬다.
② 볼에 멘치카츠, 간 무, 실파를 넣고 버무린다. 밥 위에 얹고 폰즈간장을 둘러준다.

*가츠동: 그릇에 담은 밥 위에 돈가스를 얹은 덮밥 요리다. 일반적으로 돈까스를 양념 국물에 삶아 양념한 재료를 덮밥 위에 계란과 같이 올린다.

돈가스를 이용한

미소가츠동

젓가락질을 멈출 수 없는 달큰한 미소된장소스!
양배추를 듬뿍 넣는 것은 필수입니다.

재료(1인분)

돈가스 1장
양배추 2장 …채썰기
A. 물 2큰술
 미소, 설탕 각 1큰술
 간장 1작은술
따뜻한 밥 적당량

만드는 방법

① 돈가스는 오븐 토스터에 데우고 먹기 좋은 크기로 자른다.
② 내열 용기에 A를 넣어 섞고, 전자레인지에서 1분 정도 가열한다.
③ 밥 위에 양배추, ①을 얹고, ②의 소스를 올린다.

닭튀김을 이용한

닭튀김 덮밥

섞어둔 소스를 얹기만 하면 순식간에 유린기로 변신!
유린기풍 소스가 스며든 밥도 맛있습니다.

재료(1인분)

닭튀김 5조각
A. 대파 5㎝ …다지기
간장, 식초 각 1큰술
설탕 2작은술
참기름 1작은술
따뜻한 밥 적당량

만드는 방법

닭튀김은 오븐 토스터에 넣어 데우고, 반으로 자른다. 밥 위에 올리고 섞어둔 A를 얹는다.

감자 크로켓을 이용한

크로켓 달걀 덮밥

가츠동의 크로켓 버전,
쯔유를 듬뿍 흡수한 튀김옷이 밥에도 스며듭니다.

재료(1인분)

감자 크로켓 1개
양파 ¼개 …가로 1㎝ 폭으로 자르기
달걀 1개 …풀어 두기
A. 물 5큰술
| 멘쯔유(4배 농축) 2큰술
시치미 토우가라시 조금
따뜻한 밥 적당량

만드는 방법

① 크로켓은 오븐 토스터에 넣고 데운다.
② 작은 프라이팬에 양파, A를 넣고 중불에서 끓여 양파의 숨이 죽으면 크로켓을 더한다.
③ 풀어놓은 달걀을 둘러가며 넣어주고, 반숙이 되면 밥 위에 올리고 시치미를 뿌린다.

새우튀김을 이용한

새우튀김 오로라소스* 덮밥

튀김을 바삭하게 데우는 것이 맛의 비결!

재료(1인분)

새우튀김　2마리
양상추　2장 …채썰기
A. 마요네즈　1큰술
| 토마토케첩　1큰술
따뜻한 밥　적당량

만드는 방법

① 새우튀김은 오븐 토스터에 넣고 데운 후, 3등분으로 자른다.
② 볼에 A를 넣어 섞고 새우튀김을 더하여 버무린다. 양상추와 함께 밥 위에 올린다.

*일본식 오로라소스: 토마토케첩과 마요네즈를 1:1로 섞은 소스.

닭꼬치를 이용한

치즈닭갈비 덮밥

맛있는 닭갈비를 손쉽게 뚝딱!
치즈는 취향에 따라 조절하세요.

재료(1인분)

닭꼬치(양념 맛) 4개 …꼬치에서 닭고기를 빼내기
피자용 치즈 30g
따뜻한 밥 적당량

만드는 방법

① 프라이팬을 중불로 가열하고 꼬치에서 분리시킨 닭고기를 넣고 볶는다.
② 피자용 치즈를 넣고 다시 볶아주고 치즈가 녹아들면 밥 위에 올린다.

우엉조림을 이용한

치즈 우엉 양배추 덮밥

밑반찬의 단골 메뉴!
밥에 안 어울릴 수가 없다.

재료(1인분)

우엉조림 100g
양배추 2장 …채썰기
피자용 치즈 20g
따뜻한 밥 적당량

만드는 방법

밥 위에 양배추, 우엉조림, 치즈를 차례대로 올리고
전자레인지에서 1분 정도 가열한다.

톳조림을 이용한

톳조림 돼지고기볶음 덮밥

영양이 풍부한 톳을 듬뿍 먹어보세요.

재료(1인분)

톳조림 100g
돼지고기(다진 것) 50g
실파 2대 …작게 썰기
간장 2작은술
참기름 2작은술
따뜻한 밥 적당량

만드는 방법

① 프라이팬에 참기름을 두르고 중불로 가열해,
다진 고기를 풀어주면서 볶는다.
② 고기의 색이 변하면 간장을 넣어 살짝 볶은
다음, 톳 조림, 실파를 넣고 섞고 밥 위에 올린다.

정어리 통조림을 이용한

정어리 파프리카볶음 덮밥

통조림 안의 기름으로 감칠맛을 더하자.

재료(1인분)

정어리 통조림 1캔(약 80g) …기름은 2작은술 정도 남기기
파프리카(빨간색) ½개 …1㎝ 폭으로 한입 크기로 썰기
간장 2작은술
따뜻한 밥 적당량

만드는 방법

① 프라이팬에 남겨둔 통조림의 기름을 두르고 중불로 가열해 파프리카를 볶는다.
② 숨이 죽으면 정어리를 넣고 다시 볶아주고 간장으로 맛을 낸 다음 밥 위에 올린다.

고등어 미소된장 통조림을 이용한

고등어 미소된장볶음 덮밥

마지막에 넣는 버터가 식욕을 자극합니다.

재료(1인분)

고등어 미소된장 통조림 1캔(약 200g)
대파 ¼대 …1㎝ 폭으로 어슷썰기
간장 2작은술
버터 10g
따뜻한 밥 적당량

만드는 방법

프라이팬에 고등어 통조림(통조림 속 물도 함께), 대파, 간장을 넣고 중불에서 보글보글 끓여낸 다음 밥 위에 얹고 버터를 올린다.

콘비프 통조림을 이용한

콘비프와 라유양배추볶음 덮밥

콘비프는 볶아서 소고기의 감칠맛을 그대로!

재료(1인분)

콘비프 통조림 ½캔(약 50g) …잘 풀어주기
양배추 2장 …한입 크기로 자르기
간장 1작은술
볶은 참깨 1큰술
라유 1작은술
따뜻한 밥 적당량

만드는 방법

① 프라이팬에 라유를 두르고 중불로 가열해 양배추를 볶는다. 콘비프를 넣고 잘 섞어준다.
② 간장, 참깨를 넣어 섞고, 밥 위에 올린다.

콘크림 통조림을 이용한

콘크림 스튜 덮밥

달콤하면서 순한 맛으로 아이들에게도 인기!

재료(1인분)

콘크림 통조림 1캔(약 180g)
모둠 채소 1봉지(약 200g)
참기름 2작은술
소금, 후추 각 조금
물 ½컵
따뜻한 밥 적당량

만드는 방법

① 프라이팬에 참기름을 두르고 중불로 가열해 모둠 채소를 넣어 볶은 다음, 소금과 후추를 뿌린다.
② 콘크림 통조림과 분량의 물을 넣고 화르르 끓여서 밥 위에 올린다.

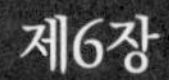

국밥으로 먹을래!
술술 덮밥

반찬과 수프, 밥을 모두 한 그릇에!
술술 넘어가는 수프밥 레시피입니다.
저녁밥은 물론, 바쁜 아침에도 먹기 좋습니다.
만들어서 바로 뜨끈뜨끈하게 먹고 싶으니까
상을 먼저 차리고 요리하는 것이 포인트입니다.

돼지고기 버섯 산라탕*

새콤 매콤한 수프에 버섯의 감칠맛이 듬뿍!
매운 맛은 라유의 양으로 조절하세요.

재료(1인분)

돼지고기(잘게 썬 것) 100g
표고버섯 2장 …얇게 썰기
달걀 1개
참기름 2작은술
A. 물 1컵
간장 1큰술
치킨스톡 1작은술
녹말가루 1작은술
식초 2작은술
라유 적당량
따뜻한 밥 적당량

만드는 방법

① 프라이팬에 참기름을 두르고 중불로 가열해 돼지고기를 볶는다. 색이 변하면 표고버섯을 넣고 다시 볶는다.
② A를 넣어 끓이고 1분 정도 지나면 풀어 놓은 달걀을 둘러가며 넣어준다.
③ 달걀이 부풀어 오르면 불을 끄고 식초를 넣는다. 밥 위에 붓고 라유를 둘러준다.

*산라탕: 시큼하고 매콤하게 끓인 탕.

돼지고기 미소된장국

국과 밥을 따로 먹어도 맛있지만,
함께 먹으면 왠지 맛이 배가 된다.

재료(1인분)

돼지고기(얇게 썬 것) 50g
우엉 1/6대(약 30g) …얇게 어슷썰기
무 2㎝ …2㎜ 두께로 은행잎 썰기
당근 2㎝ …2㎜ 두께로 반달썰기
참기름 2작은술
A. 물 1컵
| 일본식 맛국물 수프가루 1작은술
미소된장 1큰술
따뜻한 밥 적당량

만드는 방법

① 프라이팬에 참기름을 두르고 중불로 가열해 돼지고기를 볶는다. 색이 변하면 우엉, 무, 당근을 넣고 다시 볶아준다.
② A를 넣고 2분 정도 끓인 다음, 미소된장을 풀어가며 넣은 다음 밥 위에 붓는다.

육개장

몸을 따뜻하게 해주는 김치와 생강!
"더 매운 것이 좋아!" 하는 사람은 김치의 양을 늘리세요.

재료(1인분)

소고기(잘게 썬 것) 100g
숙주 50g
배추김치 50g
생강(간 것) 1작은술
참기름 2작은술
A. 물 1컵
간장 1큰술
치킨스톡, 설탕 각 1작은술
따뜻한 밥 적당량

만드는 방법

① 프라이팬에 참기름을 두르고 중불로 가열해 소고기를 볶는다. 고기의 색이 변하면 숙주, 김치, 생강을 넣고 다시 볶아준다.
② A를 넣어 2분 정도 끓인 다음, 밥 위에 붓는다.

케이항풍 닭고깃국

일본 가고시마현 아마미 지방의 향토요리 '케이항'!
다양한 채소와 달걀로 영양 균형까지 완벽하게 챙기세요.

재료(1인분)

닭 가슴살 100g …1㎝ 폭의 가늘게 썰기
백만송이 버섯 30g
당근 2㎝ …채썰기
줄기 콩 2개 …어슷썰기
달걀 1개
A. 물 1컵
간장 1작은술
치킨스톡 1작은술
소금 조금
따뜻한 밥 적당량

만드는 방법

① 프라이팬에 닭고기와 A를 넣고 중불에서 끓기 시작하면 백만송이 버섯, 당근, 줄기 콩을 넣고 1분 정도 더 끓인다.
② 풀어 놓은 달걀을 둘러가며 넣어주고 달걀이 익으면 밥 위에 붓는다.

미네스트로네*

채소가 듬뿍 들어간 토마토수프로 비타민을 보충!
취향에 따라 치즈가루를 뿌려도 맛있습니다.

재료(1인분)

베이컨　2장 …1㎝ 폭으로 자르기
양배추　2장 …2㎝ 사방으로 자르기
양파　¼개 …1㎝ 사방으로 자르기
당근　2㎝ …1㎝ 각으로 자르기
올리브유　2작은술
A. 물　1컵
| 토마토 통조림(잘라진 것)　¼캔(약100g)
| 토마토케첩　1큰술
| 콩소메가루　1작은술
따뜻한 밥　적당량

만드는 방법

① 프라이팬에 올리브유와 베이컨을 넣고 중불로 가열해 양배추, 양파, 당근을 넣어 숨이 죽을 때까지 볶는다.
② A를 넣고 2분 정도 끓인 다음, 밥 위에 붓는다.

*미네스트로네: 토마토를 비롯한 여러 가지 채소, 파스타나 쌀을 넣고 끓인 이탈리아의 수프.

해산물 우유카레

해산물의 감칠맛이 듬뿍!
마일드한 카레의 풍미를 집에서도 느껴보세요.

재료(1인분)

해산물 믹스(냉동) 100g
소송채 2대 …3㎝ 길이로 자르기
올리브유 2작은술
A. 물, 우유 각 ½컵
| 콩소메가루 1작은술
| 카레가루 1작은술
따뜻한 밥 적당량

만드는 방법

① 프라이팬에 올리브유를 두르고 중불로 가열한 뒤, 해산물 믹스를 해동하지 않고 바로 볶는다.
② A, 소송채를 넣고 끓여서 밥 위에 붓는다.

고깃국

한입 먹으면 소고기의 감칠맛이 살포시 퍼지는 맛!
마지막에 달걀을 풀어 넣는 것 또한 추천합니다.

재료(1인분)

소고기(얇고 잘게 썬 것) 100g
두부 ⅓모(100g) …한입 크기로 자르기
쪽파 4대 …5㎝ 길이로 썰기
A. 물 1컵
 간장 1큰술
 일본식 맛국물 수프가루 ½작은술
따뜻한 밥 적당량

만드는 방법

① 프라이팬에 두부, A를 넣고 중불에서 끓인 뒤, 소고기를 넣는다.
② 소고기의 색이 변하면 쪽파를 넣어 끓이고, 밥 위에 붓는다.

닭고기와 배추 두유수프

순한 두유로 더없이 부드러운 맛을!
추운 날 뜨겁게 후후 불어가며 먹고 싶어지는 맛입니다.

재료(1인분)

닭 넓적다리살 100g …2㎝ 각으로 자르기
배추 1장 …한입 크기로 자르기
참기름 2작은술
A. 무첨가 두유, 물 각 ½컵
　치킨스톡 1작은술
　소금, 후추 각 조금
후추(굵게 간 것) 조금
따뜻한 밥 적당량

만드는 방법

① 프라이팬에 참기름을 두르고 중불로 가열해 닭고기를 볶는다.
② 고기의 색이 변하면 배추, A를 넣고 2분 정도 끓인다. 밥 위에 붓고 후추를 뿌린다.

양상추 자차이*수프

자차이를 넣어서 한층 중식다운 요리로 완성!
양상추는 마지막에 넣어서 식감을 살립니다.

재료(1인분)

양상추　3장 …한입 크기로 찢기
자차이(조미된 것)　30g
돼지고기(다진 것)　50g
참기름　2작은술
A. 물　1컵
｜간장, 녹말가루　각 2작은술
｜치킨스톡　1작은술
따뜻한 밥　적당량

만드는 방법

① 프라이팬에 참기름을 두르고 중불로 가열해 다진 고기를 풀어주면서 볶고, 자차이를 넣어 다시 볶는다.
② 잘 섞어둔 A를 넣고 저어가면서 끓여주고, 점도가 생기면 불을 끈 다음 양상추를 넣고, 밥 위에 얹는다.

*자차이: 중국식 장아찌.

양파 치즈수프

양파는 잘 볶아서 단 맛을 끌어내고,
마지막에 굵게 간 후추를 듬뿍 뿌려도 맛있습니다.

재료(1인분)

양파 ½개 …세로로 얇게 썰기
피자용 치즈 20g
올리브유 2작은술
A. 물 1컵
| 콩소메가루 1작은술
| 소금, 후추 각 조금
파슬리(다진 것) 조금
따뜻한 밥 적당량

만드는 방법

① 프라이팬에 올리브유를 두르고 중불로 가열해 양파의 숨이 죽을 때까지 볶는다.
② A를 넣고 2분 정도 끓인 다음, 치즈를 뿌린다. 치즈가 녹으면 밥 위에 붓고, 파슬리를 뿌린다.

칼럼 1

가끔은 호사스러운 덮밥

비프스테이크 덮밥

가끔은 좋은 고기로 몸과 마음을 달래주세요.
고기를 실온에 두었다 굽는 것이 포인트!

재료(1인분)

소고기(스테이크용 허벅지살) 1장(200g)
소금, 후추(굵게 간 것) 각 조금
올리브유 2큰술
A. 버터 10g
 간장 1큰술
 설탕 한 꼬집
크레송(또는 루꼴라 등의 허브) 적당량
따뜻한 밥 적당량

만드는 방법

① 소고기는 냉장고에서 꺼내어 실온에 30분 정도 두었다 소금, 후추를 뿌린다.
② 프라이팬에 올리브유를 두르고 중불로 가열해 ①의 양면을 2분씩 굽는다. 고기를 꺼내어 알루미늄 호일로 싸서 10분 정도 두고, 한입 크기로 엇베어 썰어 밥 위에 올린다.
③ 프라이팬의 기름을 가볍게 닦아내고, A를 넣고 중불로 가열한다. 버터가 녹고 거품이 보글보글 올라오면 ②에 얹고 크레송을 곁들인다.

시간과 지갑에 여유가 있는 날에는 조금 호화롭게 만든 덮밥은 어떨까요?
스테이크나 부야베스(생선과 채소를 끓인 스튜), 튀김 등의 진수성찬은 당연히 밥과도 아주 잘 어울립니다!

삼겹살조림 덮밥

여유가 가득한 휴일의 즐거움!
우스터소스의 진한 맛을 느껴보세요.

재료(1인분)

돼지고기(삼겹살 덩어리) 500g …3㎝ 폭으로 자르기
소송채 ½단 …살짝 데쳐서 5㎝ 길이로 자르기
참기름 1큰술
A. 물 5컵
간장, 설탕 각 2큰술
우스터소스 1작은술
따뜻한 밥 적당량

만드는 방법

① 프라이팬에 참기름을 두르고 중불로 가열해 돼지고기를 넣고 모든 면이 노릇해지도록 굽는다.
② A를 넣고 끓기 시작하면 약한 중불에서 1시간 정도 끓인다. 중간에 위로 올라오는 거품과 기름을 걷어내고, 물이 부족해지면 적당량의 물을 보충한다.
③ 육즙이 ¼양 정도 되면 강불로 올려서 살짝 끈기가 생길 때까지 졸이면서 끓인다. 소송채와 함께 적당한 양을 밥 위에 올린다.

카오만가이

닭고기와 함께 밥을 지어서, 밥알에 고기의 감칠맛이 살아 있습니다.
태국식 닭고기 덮밥에 저자의 특제소스를 더해 즐겨요.

재료(1인분)

닭 허벅지살 1장(300g)
대파(파란 부분) 1대 분량
생강(얇게 썬 것) 1조각
쌀 1컵 …씻어서 체에 밭치기
A. 대파(잘게 썬 것) 5㎝
물 2큰술
피시소스 1큰술
우스터소스 2작은술
식초, 설탕 각 1작은술
오이 적당량 …필러로 줄무늬모양으로 껍질을 벗겨서 투박하게 썰기
토마토 적당량 …투박하게 썰기
레몬 적당량 …빗모양 썰기

만드는 방법

① 밥솥에 쌀을 넣고 닭고기, 대파, 생강을 올린 다음, 평상시와 동일하게 물을 넣고 밥을 짓는다. A는 섞어둔다.
② 밥이 지어지면(아래 사진) 대파와 생강을 건져내고, 닭고기는 꺼내어 2㎝ 폭으로 자른다.
③ 적당량을 밥 위에 올리고 오이, 토마토, 레몬을 곁들이고 ①의 소스를 얹는다.

로스트비프 덮밥

남은 열기를 이용하여 고기를 촉촉하고 부드럽게 완성!
아삭아삭한 양파 슬라이스와 잘 어울립니다.

재료(1인분)

소고기(허벅지살 덩어리) 500g
양파 ½개 …세로로 얇게 썰기
소금, 후추 각 조금
올리브유 2큰술
A. 양파(간 것) ½개 분량
간장, 식초 각 ¼컵
설탕 2큰술
참기름 1작은술
따뜻한 밥 적당량

만드는 방법

① 소고기는 냉장고에서 꺼내 실온에 30분 정도 두었다가 소금, 후추를 뿌린다. A는 잘 섞어둔다.
② 프라이팬에 올리브유를 두르고 중불로 가열하고 소고기의 모든 면을 2분씩 굽는다. 고기를 꺼내 알루미늄 호일에 싸서 30분 정도 두었다가 얇게 썬다.
③ 고기의 적당량을 밥 위에 올리고 양파를 얹은 다음, ①의 소스를 둘러 준다.

로코모코*

달걀프라이의 노른자는 언제 먹을까?
생각하면서 먹는 것만으로도 행복합니다.

재료(1인분)

다진 고기 200g
달걀 3개
아보카도 ½개 …굵직하게 으깨기
토마토 ½개 …1㎝ 각으로 자르기
양파 ½개 …굵게 다지기
소금 ½작은술
후추 조금
식용유 2큰술
A. 토마토케첩 3큰술
| 우스터소스 3큰술
따뜻한 밥 적당량

만드는 방법

① 볼에 다진 고기, 달걀 1개를 넣고 소금, 후추를 뿌린 다음, 잘 섞어가며 치댄다. 양파를 넣어 섞어주고 2등분해서 2㎝ 두께의 타원형으로 빚는다.
② 프라이팬에 식용유 1큰술을 두르고 중불로 가열하고 ①을 넣고 양면을 보기 좋게 굽는다. 뚜껑을 덮어 약불에서 8분 정도 찌듯이 구워서 꺼낸다. 같은 프라이팬에 A를 넣고 화르르 끓여서 소스를 만든다.
③ 다른 프라이팬에 남은 식용유를 두르고 뜨겁게 달군 다음, 달걀프라이를 2개 만든다. 밥 위에 ②의 함박을 올리고 ②의 소스를 얹은 다음, 아보카도, 토마토, 달걀프라이를 곁들인다.

*로코모코: 흰 쌀밥 위에 햄버그와 계란 프라이를 얹고 그레비소스를 얹은 하와이안 요리.

부야베스

프랑스의 일품요리를 이렇게 간편한 레시피로!
바지락은 필수로 오징어와 새우도 잘 어울립니다.

재료(1인분)

대구(소금절임) 1조각 …한입 크기로 자르기
바지락(껍질 째, 해감한 것) 100g
토마토 통조림(슬라이스) ¼캔(100g)
마늘 ½쪽 …다지기
올리브유 1큰술
A. 물 1컵
콩소메가루 1작은술
카레가루 ½작은술
소금, 후추 각 조금
파슬리(다진 것) 조금
따뜻한 밥 적당량

만드는 방법

① 프라이팬에 마늘, 올리브유를 넣고 중불로 가열하고 대구를 넣고 양면을 노릇하게 잘 굽는다.
② 바지락, 토마토 통조림, A를 넣고 끓기 시작하면 약불에서 다시 3분 정도 끓인 후 밥 위에 얹고 파슬리를 뿌린다.

나고야식 장어 덮밥*

시판용 장어도 데우는 방법에 따라 업그레이드됩니다.
처음에는 그대로, 다음에는 맛국물을 넣고!

재료(1인분)

장어 간장 양념구이　½마리 분량
동봉된 소스　적당량
청주　2작은술
쪽파(잘게 썬 것), 김(자른 것), 와사비, 맛국물　각 적당량
따뜻한 밥　적당량

만드는 방법

① 장어를 알루미늄 호일에 올리고 소스와 청주를 뿌린 다음, 입구를 조금 열어두고 싼다.
② 오븐 토스터기에서 8분 정도 굽고, 2㎝ 폭으로 자른다. 밥 위에 올리고 실파, 김, 와사비를 얹고 뜨거운 맛국물을 붓는다.

*일본 나고야식 장어 덮밥(히츠마부시)은 작은 밥통에 밥공기 세 개 정도 양의 밥을 담고 위에 잘게 썬 장어구이를 얹은 음식이다. 첫 번째는 장어구이와 밥만을 섞어 먹고, 두 번째는 파와 김 등 양념을 넣어 비벼 먹고, 세 번째는 녹차나 국물을 부어서 먹는다.

두 가지 새우 채소튀김 덮밥

새우와 벚꽃새우가 어우러져서 풍미는 배가 되고,
튀김옷은 마지막까지 바삭바삭해 맛있습니다.

재료(1인분)

깐 새우　200g …등의 내장을 제거하고 굵게 다지기
벚꽃새우(건조)　10g
양파　¼개 …1㎝ 폭으로 자르기
튀김기름　적당량
A. 얼음물　½컵
｜튀김가루　5큰술
B. 멘쯔유(4배 농축)　2큰술
｜물　2큰술
따뜻한 밥　적당량

만드는 방법

① 볼에 A를 섞고, 새우, 벚꽃새우, 양파를 넣어 가볍게 버무린다.
② 튀김기름을 중온으로 가열하고 ①을 ¼씩 넣는다. 굳어지면 위아래를 뒤집어주며 3~4분 튀긴다. 밥 위에 올리고 섞어둔 B를 얹는다.

참치 간장양념 덮밥

참치는 재빠르게 뜨거운 물을 부어서 더욱 깔끔한 맛을 즐겨보세요.
맛 또한 잘 배어들어 더욱 좋습니다.

재료(1인분)

참치(횟감용) 작은 1덩이(100g)
A. 맛술, 청주 각 1큰술
| 간장 2큰술
김(자른 것), 와사비 각 적당량
따뜻한 밥 적당량

만드는 방법

① 내열 용기에 A의 맛술, 청주를 넣고 전자레인지에서 30초 가열한다. 간장을 넣고 평평한 용기에 넣어 식힌다.
② 참치는 키친타월로 싸서 체에 밭쳐서 뜨거운 물을 붓고 재빠르게 얼음물로 식힌다. 물기를 제거하고 잘라서 ①의 용기에 넣고 A가 잘 스며들도록 15분 정도 둔다.
③ 밥 위에 ②의 순서로 올리고 와사비를 곁들인다.

회덮밥

마감 시간에 세일하는 모둠회를 구입하여 호사스러운 맛을 즐겨보자.
라유를 이용한 매운 맛 소스에 젓가락이 멈추지 않을 거예요.

재료(1인분)

해물(오징어, 연어, 도미 등, 횟감) 100g …1㎝ 폭으로 자르기
A. 미소, 설탕 각 2작은술
| 간장, 라유, 볶은 참깨 각 1작은술
깻잎 2장
따뜻한 밥 적당량

만드는 방법

볼에 A를 넣어 잘 섞고, 횟감용 생선을 넣어 버무린다. 깻잎과 함께 밥 위에 올린다.

칼럼 2

물만 부으면 완성되는 수프

덮밥과 뜨끈뜨끈한 수프가 있으면 훌륭한 한 끼 식사가 완성! 건더기와 조미료를 내열 용기에 넣고 뜨거운 물만 부으면 끝, 냄비가 따로 필요 없습니다. 그대로도 먹을 수 있는 재료를 선택하는 것이 포인트입니다.

미역과 방울토마토 맑은장국

재료와 만드는 방법(1인분)

방울토마토 2개는 5㎜ 두께의 링 모양으로 잘라서 그릇에 담는다. 잘게 자른 건미역 2g, 일본식 맛국물 수프가루 ½작은술, 소금을 조금 넣고 뜨거운 물 1컵을 붓고 섞는다.

양상추 미소된장국

재료와 만드는 방법(1인분)

양상추 2장은 한입 크기로 찢어서 그릇에 담는다. 미소된장 1큰술, 일본식 맛국물 수프가루 ½작은술을 넣고 뜨거운 물 1컵을 붓고 섞는다.

소시지 토마토수프

재료와 만드는 방법(1인분)

비엔나소시지 2개는 5㎜ 폭의 링 모양으로 잘라서 그릇에 담는다. 토마토케첩 1큰술, 콩소메가루 1작은술, 다진 파슬리를 조금 넣고 뜨거운 물 1컵을 붓고 섞는다.

달걀 치즈수프

재료와 만드는 방법(1인분)

그릇에 달걀 1개를 풀고, 치즈가루 2큰술, 콩소메 가루 1작은술, 소금, 굵은 후추를 각 조금씩을 넣고 뜨거운 물 1컵을 붓고 섞는다.

참깨 수채국

재료와 만드는 방법(1인분)

수채 한 포기는 3㎝ 길이로 잘라서 그릇에 넣는다. 볶은 참깨 1큰술, 치킨스톡 1작은술, 소금 조금을 넣은 다음, 뜨거운 물 1컵을 붓고 섞는다.

어묵국

재료와 만드는 방법(1인분)

원통형 어묵 1개는 얇은 링 모양으로 썰고 대파 5㎝는 얇고 잘게 썰어서 그릇에 넣는다. 치킨스톡 1작은술, 소금을 조금 넣고 뜨거운 물 1컵을 붓고 섞는다.

칼럼 3

전자레인지로 쉽게 만드는 수프

건더기가 듬뿍 들어간 수프가 먹고 싶을 때는, 전자레인지를 활용합니다
덮밥 만드는 사이에 바로 만들 수 있으니, 채소 섭취가 필요할 경우 꼭 활용해보세요.

다진 고기와 양배추수프

재료와 만드는 방법(1인분)

양배추 2장은 한입 크기로 찢고, 당면(건조) 10g은 반으로 잘라서 그릇에 넣는다. 다진 돼지고기 50g, 치킨스톡, 간장, 참기름 각 1작은술, 물 1컵을 넣어 섞고 랩을 씌워 전자레인지에서 5분 정도 가열한다.

순무와 명란젓 크림수프

재료와 만드는 방법(1인분)

명란젓 ½덩이(약 30g)는 껍질을 벗기고, 순무 1개는 껍질을 벗겨서 8등분으로 자르고, 순무잎의 적당량은 1㎝ 폭으로 다져서 그릇에 넣는다. 치킨스톡 1작은술, 우유 1컵을 부어 섞어주고, 랩을 씌워 전자레인지에서 5분 정도 가열한다.

단호박수프

재료와 만드는 방법(1인분)

단호박 100g은 작은 한입 크기로 썰어 그릇에 넣는다. 콩소메가루 1작은술, 소금 약간, 물 1컵을 넣고 섞은 후 랩을 씌워 전자레인지에서 5분 정도 가열한다. 포크로 호박을 으깬다.

브로콜리 아스파라거스 달걀수프

재료와 만드는 방법(1인분)

브로콜리 50g은 작게 나누고, 그린 아스파라거스 1개는 1㎝ 폭으로 어슷썰기해서 그릇에 넣는다. 풀어놓은 달걀 1개와 콩소메가루 1작은술, 소금 조금, 물 1컵을 더하여 섞고 랩을 씌워 전자레인지에서 5분 정도 가열한다.

두부 김국

재료와 만드는 방법(1인분)

연두부 ⅓모(100g)는 한입 크기로 자르고 실파 2대는 작게 썰고, 김 5장은 찢어서 그릇에 넣는다. 일본식 맛국물 수프가루 1작은술, 소금 조금, 물 1컵을 넣어 섞고 랩을 씌워 전자레인지에서 5분 정도 가열한다.

버섯수프

재료와 만드는 방법(1인분)

느타리버섯 ½팩(50g)은 먹기 좋게 나누고 생표고버섯 2장은 얇게 썰고, 팽이버섯 30g은 반으로 잘라서 그릇에 넣는다. 일본식 맛국물 수프가루, 간장 각 1작은술, 물 1컵을 넣어 섞고 랩을 씌워 전자레인지에서 5분 정도 가열한다.

주재료별 색인

이마이 료 今井 亮 지음

1986년에 일본 교토부 교탄고시에서 태어났다. 동해에서 나는 맛있는 해산물에 둘러싸여 자란 덕인지 요리사란 꿈을 가져, 고등학교를 졸업하고 교토 시내의 노포 중화요리점에서 5년간 수행을 쌓고, 조리사 면허를 취득했다. 2010년에 도쿄로 옮겨 푸드 코디네이터 학교를 졸업하고 요리연구가의 어시스턴트를 거쳐 독립했다. 현재는 잡지를 비롯하여 TV 프로그램의 푸드 코디네이터, 레시피 컨설팅, 감수 등으로 폭넓게 활동 중이다. 언제나 '맛있게, 즐기자!'를 모토로 삼고 있다.

http://ryohappliycooking.wixsite.com/minimal-designer-jp

이진숙 옮김

대학 1학년 겨울방학, 처음 갔던 도쿄에서 사 먹은 빵을 잊을 수 없어 그곳에서 빵을 배워야겠다고 다짐했다. 대학 졸업 후, 결국 동경제과학교에서 빵을 배웠다. 빵을 시작으로 음식과 술의 매칭으로 연구는 이어졌고, 일본 서적 저작권 에이전시를 운영하며 요리 일을 병행해 나갔다. 현재 소규모 케이터링 및 개인 주문을 받고 있다(주 1회 스콘과 파운드케이크). 엮은 책으로는 유학 시절부터 이어져 온 도쿄 사랑을 바탕으로 20년이 넘은 단골 가게와 노포들을 모아 담은《도쿄의 오래된 상점을 여행하다》가 있다.

이메일 jiyon1011@hanmail.net

인스타그램 jinsook_yi

오늘은 아무래도 덮밥

1판 2쇄 2022년 12월 15일

지은이 이마이 료
옮긴이 이진숙
펴낸이 하진석
펴낸곳 참돌
주 소 서울시 마포구 독막로3길 51
전 화 02-518-3919
팩 스 0505-318-3919
이메일 book@charmdol.com

ISBN 979-11-88601-38-7 13590

10분이면 맛있는 덮밥 한 그릇 완성!

폭신하고 부드러운 덮밥부터 포만감 가득한 볼륨 덮밥
그리고 불을 쓰지 않고 바로 만들어 먹는 덮밥까지!
내 기분과 상황에 맞춰 빠르게 만들어 먹을 수 있는
다양한 덮밥과 수프 레시피를 만나보세요.

값 4,400

ISBN 979-11-88601-38-